# 分数のかけ算①

$$\frac{\boxed{分子}}{\boxed{分母}} \times \boxed{整数} = \frac{\boxed{分子} \times \boxed{整数}}{\boxed{分母}}$$

JN090429

① $\dfrac{1}{3} \times 2 = \dfrac{1 \times 2}{3}$

　　　　　　 $=$

② $\dfrac{1}{4} \times 3 =$

③ $\dfrac{2}{5} \times 2 =$

④ $\dfrac{1}{6} \times 5 =$

⑤ $\dfrac{2}{7} \times 3 =$

⑥ $\dfrac{1}{8} \times 7 =$

⑦ $\dfrac{1}{9} \times 4 =$

⑧ $\dfrac{2}{9} \times 2 =$

⑨ $\dfrac{1}{10} \times 7 =$

⑩ $\dfrac{2}{11} \times 5 =$

# 分数のかけ算②

> 答えが約分できるときは約分し、答え
> が仮分数のときは、そのままに、整数
> になるときは整数にします。

① $\dfrac{1}{4} \times 2 = \dfrac{1 \times 2}{4}$

　　　　　　　$=$

② $\dfrac{1}{6} \times 3 =$

③ $\dfrac{2}{9} \times 6 =$

④ $\dfrac{3}{8} \times 2 =$

⑤ $\dfrac{3}{10} \times 4 =$

⑥ $\dfrac{2}{5} \times 10 =$

⑦ $\dfrac{1}{6} \times 9 =$

⑧ $\dfrac{5}{8} \times 6 =$

⑨ $\dfrac{7}{10} \times 5 =$

⑩ $\dfrac{5}{12} \times 4 =$

# 3 分数のかけ算③

$$\frac{分子}{分母} \times \frac{分子}{分母} = \frac{分子 \times 分子}{分母 \times 分母}$$

① $\dfrac{1}{2} \times \dfrac{1}{3} = \dfrac{1 \times 1}{2 \times 3}$

$= \dfrac{1}{6}$

⑥ $\dfrac{1}{7} \times \dfrac{5}{6} =$

② $\dfrac{3}{4} \times \dfrac{1}{4} =$

⑦ $\dfrac{3}{4} \times \dfrac{3}{4} =$

③ $\dfrac{3}{4} \times \dfrac{3}{5} =$

⑧ $\dfrac{1}{2} \times \dfrac{3}{4} =$

④ $\dfrac{2}{5} \times \dfrac{1}{3} =$

⑨ $\dfrac{3}{8} \times \dfrac{3}{5} =$

⑤ $\dfrac{2}{5} \times \dfrac{2}{5} =$

⑩ $\dfrac{4}{5} \times \dfrac{7}{9} =$

**おうちの方へ**　分数のかけ算はあまり難しくありませんが、進んでいくと少し難しいものもあります。正しくできるように落ち着いてさせましょう。

# 分数のかけ算④

分数のかけ算は、分子どうし、分母どうしの
かけ算だね。

① $\dfrac{1}{4} \times \dfrac{5}{6} =$

$=$

② $\dfrac{2}{3} \times \dfrac{4}{5} =$

$=$

③ $\dfrac{2}{7} \times \dfrac{4}{5} =$

$=$

④ $\dfrac{4}{7} \times \dfrac{2}{5} =$

$=$

⑤ $\dfrac{1}{2} \times \dfrac{5}{7} =$

$=$

⑥ $\dfrac{1}{3} \times \dfrac{5}{6} =$

$=$

⑦ $\dfrac{4}{5} \times \dfrac{2}{3} =$

$=$

⑧ $\dfrac{1}{4} \times \dfrac{3}{8} =$

$=$

⑨ $\dfrac{2}{3} \times \dfrac{2}{3} =$

$=$

⑩ $\dfrac{3}{5} \times \dfrac{3}{7} =$

$=$

# 5 分数のかけ算⑤

正しくできたかな。

① $\dfrac{1}{5} \times \dfrac{2}{3} =$

=

② $\dfrac{5}{6} \times \dfrac{1}{4} =$

=

③ $\dfrac{1}{2} \times \dfrac{7}{8} =$

=

④ $\dfrac{1}{3} \times \dfrac{5}{7} =$

=

⑤ $\dfrac{2}{7} \times \dfrac{3}{5} =$

=

⑥ $\dfrac{2}{3} \times \dfrac{2}{9} =$

=

⑦ $\dfrac{1}{4} \times \dfrac{5}{8} =$

=

⑧ $\dfrac{2}{5} \times \dfrac{4}{5} =$

=

⑨ $\dfrac{1}{6} \times \dfrac{5}{7} =$

=

⑩ $\dfrac{3}{7} \times \dfrac{3}{4} =$

=

サッとできたかな。

① $\dfrac{5}{7} \times \dfrac{1}{2} =$

=

② $\dfrac{2}{9} \times \dfrac{1}{3} =$

=

③ $\dfrac{1}{8} \times \dfrac{3}{4} =$

=

④ $\dfrac{8}{9} \times \dfrac{1}{5} =$

=

⑤ $\dfrac{1}{10} \times \dfrac{1}{3} =$

=

⑥ $\dfrac{3}{7} \times \dfrac{1}{2} =$

=

⑦ $\dfrac{6}{7} \times \dfrac{2}{5} =$

=

⑧ $\dfrac{4}{9} \times \dfrac{2}{3} =$

=

⑨ $\dfrac{5}{8} \times \dfrac{1}{4} =$

=

⑩ $\dfrac{3}{10} \times \dfrac{3}{4} =$

=

# 分数のかけ算⑦

次の計算から約分があります。
ななめに約分して、かけ算をします。

① $\dfrac{1}{2} \times \dfrac{2}{5} = \dfrac{1 \times 2}{2 \times 5}$

$= \dfrac{1}{5}$

② $\dfrac{1}{3} \times \dfrac{3}{4} =$

③ $\dfrac{1}{5} \times \dfrac{5}{8} =$

④ $\dfrac{2}{3} \times \dfrac{6}{7} =$

⑤ $\dfrac{1}{4} \times \dfrac{4}{5} =$

⑥ $\dfrac{5}{6} \times \dfrac{2}{3} =$

⑦ $\dfrac{1}{2} \times \dfrac{6}{11} =$

⑧ $\dfrac{3}{4} \times \dfrac{2}{7} =$

⑨ $\dfrac{2}{5} \times \dfrac{5}{9} =$

⑩ $\dfrac{1}{6} \times \dfrac{3}{4} =$

**おうちの方へ**　このページから約分のある計算です。分数のかけ算・わり算はふつう約分を先にします。

約分する２つの数が見つかったかな。

① $\dfrac{2}{3} \times \dfrac{9}{11} =$

$=$

② $\dfrac{1}{2} \times \dfrac{4}{9} =$

$=$

③ $\dfrac{1}{5} \times \dfrac{10}{11} =$

$=$

④ $\dfrac{5}{6} \times \dfrac{4}{7} =$

$=$

⑤ $\dfrac{2}{7} \times \dfrac{14}{15} =$

$=$

⑥ $\dfrac{3}{4} \times \dfrac{6}{7} =$

$=$

⑦ $\dfrac{2}{7} \times \dfrac{7}{9} =$

$=$

⑧ $\dfrac{2}{5} \times \dfrac{10}{13} =$

$=$

⑨ $\dfrac{1}{7} \times \dfrac{7}{12} =$

$=$

⑩ $\dfrac{3}{8} \times \dfrac{2}{5} =$

$=$

約分する2つの数は、ななめにある数だよ。

① $\dfrac{1}{3} \times \dfrac{6}{11} =$

$=$

② $\dfrac{3}{5} \times \dfrac{10}{11} =$

$=$

③ $\dfrac{5}{6} \times \dfrac{8}{9} =$

$=$

④ $\dfrac{4}{7} \times \dfrac{14}{15} =$

$=$

⑤ $\dfrac{5}{8} \times \dfrac{6}{7} =$

$=$

⑥ $\dfrac{1}{4} \times \dfrac{8}{9} =$

$=$

⑦ $\dfrac{3}{7} \times \dfrac{7}{8} =$

$=$

⑧ $\dfrac{4}{5} \times \dfrac{5}{7} =$

$=$

⑨ $\dfrac{1}{8} \times \dfrac{4}{7} =$

$=$

⑩ $\dfrac{1}{9} \times \dfrac{3}{5} =$

$=$

# 分数のかけ算⑩

正しくできるかな。

① $\dfrac{2}{3} \times \dfrac{6}{11} =$

$=$

② $\dfrac{3}{5} \times \dfrac{10}{13} =$

$=$

③ $\dfrac{5}{6} \times \dfrac{10}{11} =$

$=$

④ $\dfrac{6}{7} \times \dfrac{7}{13} =$

$=$

⑤ $\dfrac{3}{10} \times \dfrac{2}{5} =$

$=$

⑥ $\dfrac{3}{4} \times \dfrac{12}{13} =$

$=$

⑦ $\dfrac{5}{7} \times \dfrac{7}{12} =$

$=$

⑧ $\dfrac{7}{8} \times \dfrac{4}{9} =$

⑨ $\dfrac{2}{9} \times \dfrac{3}{7} =$

⑩ $\dfrac{7}{10} \times \dfrac{10}{11} =$

$=$

# 分数のかけ算⑪

点/10点

> 約分する２つの数をさがします。
> 約分をしてから、かけ算をします。

① $\dfrac{2}{3} \times \dfrac{1}{2} = \dfrac{\cancel{2} \times 1}{3 \times \cancel{2}}$

$= \dfrac{1}{3}$

② $\dfrac{3}{4} \times \dfrac{1}{6} =$

③ $\dfrac{2}{5} \times \dfrac{1}{4} =$

④ $\dfrac{5}{6} \times \dfrac{1}{10} =$

⑤ $\dfrac{3}{7} \times \dfrac{2}{3} =$

⑥ $\dfrac{3}{5} \times \dfrac{2}{3} =$

⑦ $\dfrac{2}{3} \times \dfrac{1}{4} =$

⑧ $\dfrac{4}{5} \times \dfrac{1}{8} =$

⑨ $\dfrac{2}{7} \times \dfrac{1}{6} =$

⑩ $\dfrac{5}{8} \times \dfrac{9}{10} =$

# 分数のかけ算⑫

約分する２つの数を見つけたかな。

① $\dfrac{3}{4} \times \dfrac{5}{6} =$

　　$=$

② $\dfrac{2}{3} \times \dfrac{5}{6} =$

　　$=$

③ $\dfrac{3}{5} \times \dfrac{7}{9} =$

　　$=$

④ $\dfrac{4}{7} \times \dfrac{5}{6} =$

　　$=$

⑤ $\dfrac{3}{8} \times \dfrac{1}{6} =$

　　$=$

⑥ $\dfrac{2}{5} \times \dfrac{7}{8} =$

　　$=$

⑦ $\dfrac{5}{6} \times \dfrac{13}{15} =$

　　$=$

⑧ $\dfrac{4}{5} \times \dfrac{3}{10} =$

　　$=$

⑨ $\dfrac{5}{7} \times \dfrac{2}{5} =$

　　$=$

⑩ $\dfrac{2}{9} \times \dfrac{1}{4} =$

　　$=$

約分すると、あとの計算がラクだね。

① $\dfrac{3}{5} \times \dfrac{7}{12} =$

=

② $\dfrac{6}{7} \times \dfrac{2}{9} =$

=

③ $\dfrac{2}{3} \times \dfrac{11}{12} =$

=

④ $\dfrac{7}{8} \times \dfrac{9}{14} =$

=

⑤ $\dfrac{5}{9} \times \dfrac{7}{10} =$

=

⑥ $\dfrac{3}{4} \times \dfrac{1}{12} =$

=

⑦ $\dfrac{2}{5} \times \dfrac{1}{2} =$

=

⑧ $\dfrac{4}{5} \times \dfrac{7}{8} =$

=

⑨ $\dfrac{4}{9} \times \dfrac{1}{6} =$

=

⑩ $\dfrac{7}{10} \times \dfrac{9}{14} =$

=

# 分数のかけ算⑭

サッとできるようになったかな。

① $\dfrac{2}{5} \times \dfrac{3}{10} =$

⑥ $\dfrac{5}{8} \times \dfrac{3}{10} =$

② $\dfrac{5}{7} \times \dfrac{9}{10} =$

⑦ $\dfrac{3}{5} \times \dfrac{11}{15} =$

③ $\dfrac{5}{6} \times \dfrac{7}{15} =$

⑧ $\dfrac{7}{8} \times \dfrac{3}{14} =$

④ $\dfrac{7}{9} \times \dfrac{1}{21} =$

⑨ $\dfrac{3}{10} \times \dfrac{1}{6} =$

⑤ $\dfrac{9}{10} \times \dfrac{11}{18} =$

⑩ $\dfrac{8}{9} \times \dfrac{1}{6} =$

# 分数のかけ算⑮

約分が２回あるよ。注意して。

① $\dfrac{2}{3} \times \dfrac{3}{4} = \dfrac{2 \times 3}{3 \times 4}$

$= \dfrac{1}{2}$

⑥ $\dfrac{2}{7} \times \dfrac{7}{8} =$

② $\dfrac{2}{5} \times \dfrac{5}{8} =$

⑦ $\dfrac{2}{9} \times \dfrac{3}{4} =$

③ $\dfrac{3}{4} \times \dfrac{2}{9} =$

⑧ $\dfrac{2}{3} \times \dfrac{3}{10} =$

④ $\dfrac{5}{6} \times \dfrac{3}{10} =$

⑨ $\dfrac{3}{5} \times \dfrac{5}{9} =$

⑤ $\dfrac{3}{8} \times \dfrac{2}{9} =$

⑩ $\dfrac{3}{7} \times \dfrac{7}{9} =$

**おうちの方へ** ここから斜め２方向に約分がある計算です。

# 分数のかけ算⑯

約分の相手が見つかったかな。

① $\dfrac{3}{4} \times \dfrac{8}{9} =$

② $\dfrac{2}{5} \times \dfrac{5}{12} =$

③ $\dfrac{4}{7} \times \dfrac{7}{8} =$

④ $\dfrac{5}{8} \times \dfrac{2}{5} =$

⑤ $\dfrac{4}{9} \times \dfrac{3}{4} =$

⑥ $\dfrac{5}{6} \times \dfrac{9}{10} =$

⑦ $\dfrac{5}{7} \times \dfrac{7}{15} =$

⑧ $\dfrac{7}{8} \times \dfrac{4}{21} =$

⑨ $\dfrac{3}{5} \times \dfrac{5}{18} =$

⑩ $\dfrac{5}{9} \times \dfrac{3}{10} =$

# 分数のかけ算⑰

サッと計算できるかな。

① $\dfrac{4}{5} \times \dfrac{5}{8} =$

⑥ $\dfrac{8}{9} \times \dfrac{3}{10} =$

② $\dfrac{6}{7} \times \dfrac{21}{22} =$

⑦ $\dfrac{5}{6} \times \dfrac{6}{25} =$

③ $\dfrac{3}{8} \times \dfrac{4}{15} =$

⑧ $\dfrac{7}{8} \times \dfrac{2}{21} =$

④ $\dfrac{7}{9} \times \dfrac{6}{7} =$

⑨ $\dfrac{3}{7} \times \dfrac{7}{15} =$

⑤ $\dfrac{3}{10} \times \dfrac{5}{6} =$

⑩ $\dfrac{7}{10} \times \dfrac{4}{7} =$

# 18

## 分数のかけ算⑱

月　　日

点/10点

きみは、かけ算名人だね。

① $\dfrac{5}{8} \times \dfrac{4}{5} =$

$=$

② $\dfrac{6}{7} \times \dfrac{7}{15} =$

$=$

③ $\dfrac{7}{10} \times \dfrac{20}{21} =$

$=$

④ $\dfrac{4}{9} \times \dfrac{3}{14} =$

$=$

⑤ $\dfrac{3}{4} \times \dfrac{2}{15} =$

$=$

⑥ $\dfrac{8}{9} \times \dfrac{3}{16} =$

$=$

⑦ $\dfrac{7}{8} \times \dfrac{6}{7} =$

$=$

⑧ $\dfrac{2}{9} \times \dfrac{3}{10} =$

$=$

⑨ $\dfrac{9}{10} \times \dfrac{2}{3} =$

$=$

⑩ $\dfrac{4}{5} \times \dfrac{15}{22} =$

$=$

ここからは、いろいろなかけ算が
混ざっています。

① $\dfrac{1}{2} \times \dfrac{3}{5} =$

⑥ $\dfrac{2}{3} \times \dfrac{2}{5} =$

② $\dfrac{3}{4} \times \dfrac{8}{11} =$

⑦ $\dfrac{5}{6} \times \dfrac{8}{15} =$

③ $\dfrac{2}{5} \times \dfrac{5}{6} =$

⑧ $\dfrac{1}{3} \times \dfrac{3}{8} =$

④ $\dfrac{4}{5} \times \dfrac{3}{4} =$

⑨ $\dfrac{2}{3} \times \dfrac{3}{8} =$

⑤ $\dfrac{3}{5} \times \dfrac{5}{12} =$

⑩ $\dfrac{6}{7} \times \dfrac{2}{3} =$

**おうちの方へ**　ここからは、約分あるなしのいろいろな型のかけ算です。1つ1つ
注意して計算させるようにしましょう。

# 分数のかけ算⑳

約分できるか考えてしましょう。

① $\dfrac{2}{7} \times \dfrac{7}{10} =$

　　　　$=$

② $\dfrac{1}{5} \times \dfrac{5}{7} =$

　　　　$=$

③ $\dfrac{5}{6} \times \dfrac{4}{5} =$

　　　　$=$

④ $\dfrac{1}{5} \times \dfrac{2}{5} =$

　　　　$=$

⑤ $\dfrac{5}{9} \times \dfrac{2}{5} =$

　　　　$=$

⑥ $\dfrac{5}{6} \times \dfrac{1}{3} =$

　　　　$=$

⑦ $\dfrac{4}{7} \times \dfrac{7}{8} =$

　　　　$=$

⑧ $\dfrac{3}{8} \times \dfrac{1}{9} =$

　　　　$=$

⑨ $\dfrac{4}{5} \times \dfrac{5}{6} =$

　　　　$=$

⑩ $\dfrac{5}{6} \times \dfrac{4}{9} =$

　　　　$=$

# 分数のかけ算㉑

正しくできたかな。

① $\dfrac{4}{5} \times \dfrac{1}{3} =$

　　　　　$=$

② $\dfrac{1}{7} \times \dfrac{7}{9} =$

　　　　　$=$

③ $\dfrac{3}{10} \times \dfrac{1}{6} =$

　　　　　$=$

④ $\dfrac{2}{3} \times \dfrac{9}{10} =$

　　　　　$=$

⑤ $\dfrac{7}{9} \times \dfrac{5}{7} =$

　　　　　$=$

⑥ $\dfrac{3}{7} \times \dfrac{2}{5} =$

　　　　　$=$

⑦ $\dfrac{3}{4} \times \dfrac{4}{9} =$

　　　　　$=$

⑧ $\dfrac{7}{8} \times \dfrac{2}{5} =$

　　　　　$=$

⑨ $\dfrac{2}{5} \times \dfrac{5}{14} =$

　　　　　$=$

⑩ $\dfrac{5}{6} \times \dfrac{4}{15} =$

　　　　　$=$

# 分数のかけ算㉒

仮分数の答えは
帯分数にしよう。

① $\dfrac{2}{7} \times \dfrac{14}{5} =$

$=$

② $\dfrac{4}{9} \times \dfrac{9}{8} =$

$=$

③ $\dfrac{28}{9} \times \dfrac{3}{14} =$

$=$

④ $\dfrac{7}{9} \times \dfrac{3}{2} =$

$=$

⑤ $\dfrac{5}{8} \times \dfrac{7}{3} =$

$=$

⑥ $\dfrac{1}{10} \times 2\dfrac{2}{3} =$

$=$

⑦ $2\dfrac{2}{11} \times \dfrac{1}{4} =$

$=$

⑧ $2\dfrac{4}{9} \times \dfrac{9}{10} =$

$=$

⑨ $\dfrac{7}{10} \times 1\dfrac{3}{7} =$

$=$

⑩ $1\dfrac{1}{9} \times 3\dfrac{3}{4} =$

$=$

# 逆数と計算

⑦ $\dfrac{2}{5} \times \dfrac{5}{2} = \dfrac{2 \times 5}{5 \times 2} = 1$

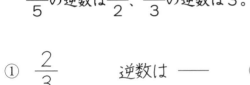

2つの数の積が1になるとき、一方の数を他方の数の「逆数」といいます。

④ $\dfrac{1}{3} \times 3 = \dfrac{1 \times 3}{3} = 1$

$\dfrac{2}{5}$ の逆数は $\dfrac{5}{2}$ 、$\dfrac{1}{3}$ の逆数は3。

① $\dfrac{2}{3}$　　　逆数は ——

② $\dfrac{7}{8}$　　　逆数は ——

③ $\dfrac{3}{10}$　　　逆数は ——

④ $2 = \dfrac{2}{1}$　　逆数は ——

⑤ $4 = $——　逆数は ——

⑥ $5 = $——　逆数は ——

⑦ $6 = $——　逆数は ——

⑧ $\dfrac{1}{4}$　　　逆数は

⑨ $\dfrac{1}{7}$　　　逆数は

⑩ $\dfrac{1}{9}$　　　逆数は

**おうちの方へ**　逆数ということばと、逆数の意味をおさえます。

# 分数のわり算①

$$\dfrac{分子}{分母} \div 整数 = \dfrac{分子}{分母 \times 整数}$$

① $\dfrac{2}{5} \div 3 = \dfrac{2}{5 \times 3}$

$= $

② $\dfrac{1}{2} \div 4 =$

③ $\dfrac{2}{3} \div 3 =$

④ $\dfrac{5}{6} \div 4 =$

⑤ $\dfrac{1}{4} \div 2 =$

⑥ $\dfrac{3}{7} \div 5 =$

⑦ $\dfrac{4}{9} \div 7 =$

⑧ $\dfrac{5}{6} \div 3 =$

⑨ $\dfrac{7}{10} \div 3 =$

⑩ $\dfrac{5}{11} \div 2 =$

# 分数のわり算②

約分ができるときは、約分しましょう。

① $\dfrac{4}{5} \div 2 = \dfrac{\overset{2}{\cancel{4}}}{5 \times \underset{1}{\cancel{2}}}$

$=$

② $\dfrac{5}{6} \div 5 =$

③ $\dfrac{6}{7} \div 3 =$

④ $\dfrac{4}{9} \div 8 =$

⑤ $\dfrac{7}{10} \div 21 =$

⑥ $\dfrac{5}{11} \div 10 =$

⑦ $\dfrac{9}{13} \div 3 =$

⑧ $\dfrac{4}{9} \div 8 =$

⑨ $\dfrac{5}{7} \div 15 =$

⑩ $\dfrac{8}{9} \div 6 =$

# 分数のわり算③

月　日

点/10点

$$\frac{分子}{分母} \div \frac{分子}{分母} = \frac{分子}{分母} \times \frac{分母}{分子}$$

わる数をひっくり返して、かけ算に。

① $\dfrac{1}{2} \div \dfrac{2}{3} = \dfrac{1}{2} \times \dfrac{3}{2}$

　　　　　　$= \dfrac{3}{4}$

② $\dfrac{1}{3} \div \dfrac{1}{2} =$

③ $\dfrac{1}{4} \div \dfrac{2}{3} =$

④ $\dfrac{1}{5} \div \dfrac{1}{2} =$

⑤ $\dfrac{1}{6} \div \dfrac{1}{5} =$

⑥ $\dfrac{5}{6} \div \dfrac{6}{7} =$

⑦ $\dfrac{2}{3} \div \dfrac{3}{4} =$

⑧ $\dfrac{2}{5} \div \dfrac{5}{6} =$

⑨ $\dfrac{3}{4} \div \dfrac{4}{5} =$

⑩ $\dfrac{1}{7} \div \dfrac{1}{2} =$

**おうちの方へ**　分数のわり算は、わる数の分母と分子を入れかえてかけ算にします。かけ算に変換できれば、前の学習が利用できます。

# 分数のわり算④

わる数をひっくり返して、かけ算にします。

① $\dfrac{1}{2} \div \dfrac{5}{7} =$

$=$

② $\dfrac{1}{5} \div \dfrac{2}{3} =$

$=$

③ $\dfrac{1}{3} \div \dfrac{3}{4} =$

$=$

④ $\dfrac{2}{7} \div \dfrac{1}{3} =$

$=$

⑤ $\dfrac{2}{5} \div \dfrac{3}{4} =$

$=$

⑥ $\dfrac{1}{4} \div \dfrac{3}{5} =$

$=$

⑦ $\dfrac{1}{2} \div \dfrac{7}{9} =$

$=$

⑧ $\dfrac{1}{6} \div \dfrac{2}{7} =$

$=$

⑨ $\dfrac{2}{3} \div \dfrac{5}{7} =$

$=$

⑩ $\dfrac{3}{7} \div \dfrac{2}{3} =$

$=$

# 分数のわり算⑤

> まず、かけ算に直して計算するよ。

① $\dfrac{1}{8} \div \dfrac{2}{3} =$

$=$

② $\dfrac{2}{3} \div \dfrac{7}{8} =$

$=$

③ $\dfrac{1}{2} \div \dfrac{7}{11} =$

$=$

④ $\dfrac{1}{5} \div \dfrac{1}{3} =$

$=$

⑤ $\dfrac{2}{7} \div \dfrac{5}{3} =$

$=$

⑥ $\dfrac{1}{6} \div \dfrac{2}{5} =$

$=$

⑦ $\dfrac{1}{3} \div \dfrac{4}{7} =$

$=$

⑧ $\dfrac{1}{7} \div \dfrac{1}{3} =$

$=$

⑨ $\dfrac{1}{4} \div \dfrac{2}{5} =$

$=$

⑩ $\dfrac{2}{5} \div \dfrac{3}{7} =$

$=$

# 分数のわり算⑥

> なれてきたかな。かんたんだよね。

① $\dfrac{5}{8} \div \dfrac{2}{3} =$

$=$

② $\dfrac{1}{9} \div \dfrac{1}{4} =$

$=$

③ $\dfrac{3}{5} \div \dfrac{5}{7} =$

$=$

④ $\dfrac{1}{10} \div \dfrac{1}{3} =$

$=$

⑤ $\dfrac{3}{8} \div \dfrac{2}{5} =$

$=$

⑥ $\dfrac{5}{7} \div \dfrac{3}{4} =$

$=$

⑦ $\dfrac{1}{11} \div \dfrac{2}{3} =$

$=$

⑧ $\dfrac{2}{9} \div \dfrac{3}{5} =$

$=$

⑨ $\dfrac{1}{10} \div \dfrac{1}{7} =$

$=$

⑩ $\dfrac{1}{6} \div \dfrac{3}{5} =$

$=$

# 分数のわり算⑦

月　日

点/10点

> かけ算に直したとき、約分が
> あるから注意してね。

① $\dfrac{1}{2} \div \dfrac{3}{4} = \dfrac{1}{\cancel{2}} \times \dfrac{\cancel{4}^2}{3}$

$= \dfrac{2}{3}$

⑥ $\dfrac{1}{6} \div \dfrac{2}{3} =$

$=$

② $\dfrac{3}{4} \div \dfrac{5}{6} =$

$=$

⑦ $\dfrac{2}{3} \div \dfrac{7}{9} =$

$=$

③ $\dfrac{1}{3} \div \dfrac{2}{3} =$

$=$

⑧ $\dfrac{1}{4} \div \dfrac{1}{2} =$

$=$

④ $\dfrac{5}{6} \div \dfrac{8}{9} =$

$=$

⑨ $\dfrac{2}{5} \div \dfrac{9}{10} =$

$=$

⑤ $\dfrac{1}{5} \div \dfrac{3}{5} =$

$=$

⑩ $\dfrac{1}{7} \div \dfrac{2}{7} =$

$=$

**おうちの方へ** かけ算の形に直してから、約分をします。この順番をまちがえないように注意が必要です。

# ㉛ 分数のわり算⑧

> まず、かけ算に直すのでしたね。

① $\dfrac{1}{6} \div \dfrac{1}{3} =$

　　　　　$=$

② $\dfrac{1}{3} \div \dfrac{7}{9} =$

　　　　　$=$

③ $\dfrac{2}{5} \div \dfrac{3}{5} =$

　　　　　$=$

④ $\dfrac{1}{4} \div \dfrac{3}{4} =$

　　　　　$=$

⑤ $\dfrac{3}{7} \div \dfrac{5}{7} =$

　　　　　$=$

⑥ $\dfrac{1}{2} \div \dfrac{9}{14} =$

　　　　　$=$

⑦ $\dfrac{1}{5} \div \dfrac{4}{5} =$

　　　　　$=$

⑧ $\dfrac{2}{3} \div \dfrac{5}{6} =$

　　　　　$=$

⑨ $\dfrac{1}{7} \div \dfrac{6}{7} =$

　　　　　$=$

⑩ $\dfrac{3}{8} \div \dfrac{1}{2} =$

　　　　　$=$

# 分数のわり算⑨

月　日

点/10点

かけ算に直したとき、約分の
相手が見つかったかな。

① $\dfrac{2}{3} \div \dfrac{11}{12} =$

$=$

② $\dfrac{1}{5} \div \dfrac{7}{10} =$

$=$

③ $\dfrac{1}{6} \div \dfrac{3}{8} =$

$=$

④ $\dfrac{1}{8} \div \dfrac{1}{4} =$

$=$

⑤ $\dfrac{1}{9} \div \dfrac{1}{3} =$

$=$

⑥ $\dfrac{3}{4} \div \dfrac{7}{8} =$

$=$

⑦ $\dfrac{2}{7} \div \dfrac{3}{7} =$

$=$

⑧ $\dfrac{3}{5} \div \dfrac{4}{5} =$

$=$

⑨ $\dfrac{4}{7} \div \dfrac{5}{7} =$

$=$

⑩ $\dfrac{5}{8} \div \dfrac{3}{4} =$

$=$

# 33

## 分数のわり算⑩

月　　日

点/10点

うまく約分できましたか。

① $\dfrac{3}{8} \div \dfrac{5}{6} =$

=

② $\dfrac{1}{10} \div \dfrac{1}{2} =$

=

③ $\dfrac{6}{7} \div \dfrac{13}{14} =$

=

④ $\dfrac{5}{9} \div \dfrac{2}{3} =$

=

⑤ $\dfrac{7}{8} \div \dfrac{9}{10} =$

=

⑥ $\dfrac{5}{7} \div \dfrac{6}{7} =$

=

⑦ $\dfrac{2}{9} \div \dfrac{5}{6} =$

=

⑧ $\dfrac{7}{10} \div \dfrac{3}{4} =$

=

⑨ $\dfrac{2}{11} \div \dfrac{5}{11} =$

=

⑩ $\dfrac{5}{6} \div \dfrac{11}{12} =$

=

# 分数のわり算⑪

約分する２つの数をさがします。

① $\dfrac{2}{3} \div \dfrac{4}{5} = \dfrac{\cancel{2}}{3} \times \dfrac{5}{\cancel{4}_2}$

$= \dfrac{5}{6}$

② $\dfrac{3}{5} \div \dfrac{6}{7} =$

$=$

③ $\dfrac{3}{4} \div \dfrac{6}{7} =$

$=$

④ $\dfrac{5}{6} \div \dfrac{10}{11} =$

$=$

⑤ $\dfrac{3}{7} \div \dfrac{9}{10} =$

$=$

⑥ $\dfrac{2}{5} \div \dfrac{2}{3} =$

$=$

⑦ $\dfrac{3}{8} \div \dfrac{3}{5} =$

$=$

⑧ $\dfrac{2}{7} \div \dfrac{2}{5} =$

$=$

⑨ $\dfrac{5}{8} \div \dfrac{10}{11} =$

$=$

⑩ $\dfrac{2}{9} \div \dfrac{4}{5} =$

$=$

# 分数のわり算⑫

月　　日

点/10点

> 約分する２つの数を見つけたかな。

① $\dfrac{4}{5} \div \dfrac{8}{9} =$

② $\dfrac{2}{3} \div \dfrac{6}{7} =$

③ $\dfrac{5}{6} \div \dfrac{15}{17} =$

④ $\dfrac{2}{7} \div \dfrac{4}{5} =$

⑤ $\dfrac{5}{8} \div \dfrac{5}{7} =$

⑥ $\dfrac{3}{4} \div \dfrac{9}{11} =$

⑦ $\dfrac{4}{7} \div \dfrac{8}{9} =$

⑧ $\dfrac{3}{5} \div \dfrac{9}{11} =$

⑨ $\dfrac{7}{8} \div \dfrac{14}{15} =$

⑩ $\dfrac{2}{9} \div \dfrac{4}{7} =$

# 分数のわり算⑬

月　　日

点/10点

> かけ算に直して、約分の順でしたね。

① $\dfrac{3}{4} \div \dfrac{12}{13} =$

⑥ $\dfrac{2}{7} \div \dfrac{4}{9} =$

② $\dfrac{2}{5} \div \dfrac{4}{7} =$

⑦ $\dfrac{3}{5} \div \dfrac{12}{13} =$

③ $\dfrac{2}{3} \div \dfrac{10}{13} =$

⑧ $\dfrac{3}{7} \div \dfrac{6}{13} =$

④ $\dfrac{5}{6} \div \dfrac{20}{23} =$

⑨ $\dfrac{4}{9} \div \dfrac{4}{5} =$

⑤ $\dfrac{5}{8} \div \dfrac{10}{13} =$

⑩ $\dfrac{3}{10} \div \dfrac{3}{7} =$

# 分数のわり算⑭

正しくできましたね。

① $\dfrac{4}{5} \div \dfrac{8}{9} =$

　　　　$=$

② $\dfrac{3}{8} \div \dfrac{3}{7} =$

　　　　$=$

③ $\dfrac{5}{9} \div \dfrac{5}{7} =$

　　　　$=$

④ $\dfrac{4}{7} \div \dfrac{8}{11} =$

　　　　$=$

⑤ $\dfrac{9}{10} \div \dfrac{18}{19} =$

　　　　$=$

⑥ $\dfrac{5}{8} \div \dfrac{15}{17} =$

　　　　$=$

⑦ $\dfrac{5}{7} \div \dfrac{5}{6} =$

　　　　$=$

⑧ $\dfrac{7}{10} \div \dfrac{7}{9} =$

　　　　$=$

⑨ $\dfrac{7}{9} \div \dfrac{14}{17} =$

　　　　$=$

⑩ $\dfrac{2}{11} \div \dfrac{4}{5} =$

　　　　$=$

# 分数のわり算⑮

かけ算の式にかえて、約分を
してから計算します。

① $\dfrac{2}{3} \div \dfrac{8}{9} = \dfrac{\cancel{2}^{1}}{\cancel{3}_{1}} \times \dfrac{\cancel{9}^{3}}{\cancel{8}_{4}}$

　　　　　$= \dfrac{3}{4}$

② $\dfrac{3}{4} \div \dfrac{9}{10} =$

③ $\dfrac{2}{5} \div \dfrac{4}{5} =$

④ $\dfrac{2}{7} \div \dfrac{4}{7} =$

⑤ $\dfrac{5}{6} \div \dfrac{15}{16} =$

⑥ $\dfrac{3}{8} \div \dfrac{3}{4} =$

⑦ $\dfrac{3}{5} \div \dfrac{9}{10} =$

⑧ $\dfrac{2}{9} \div \dfrac{2}{3} =$

⑨ $\dfrac{5}{8} \div \dfrac{5}{6} =$

⑩ $\dfrac{4}{9} \div \dfrac{8}{9} =$

おうちの
方へ

ここからは、約分が２方向にあります。

# 分数のわり算⑯

約分できると計算がラクになります。

① $\dfrac{2}{5} \div \dfrac{8}{15} =$

$=$

② $\dfrac{2}{3} \div \dfrac{14}{15} =$

$=$

③ $\dfrac{5}{6} \div \dfrac{20}{21} =$

$=$

④ $\dfrac{3}{7} \div \dfrac{6}{7} =$

$=$

⑤ $\dfrac{7}{8} \div \dfrac{21}{22} =$

$=$

⑥ $\dfrac{3}{4} \div \dfrac{15}{16} =$

$=$

⑦ $\dfrac{4}{7} \div \dfrac{6}{7} =$

$=$

⑧ $\dfrac{3}{5} \div \dfrac{18}{25} =$

$=$

⑨ $\dfrac{3}{8} \div \dfrac{9}{10} =$

$=$

⑩ $\dfrac{5}{9} \div \dfrac{5}{6} =$

$=$

# 分数のわり算⑰

約分の相手が見つかったかな。

① $\dfrac{3}{4} \div \dfrac{27}{32} =$

　　　　$=$

② $\dfrac{4}{5} \div \dfrac{14}{15} =$

　　　　$=$

③ $\dfrac{3}{7} \div \dfrac{9}{14} =$

　　　　$=$

④ $\dfrac{7}{9} \div \dfrac{14}{15} =$

　　　　$=$

⑤ $\dfrac{7}{10} \div \dfrac{7}{8} =$

　　　　$=$

⑥ $\dfrac{2}{5} \div \dfrac{14}{15} =$

　　　　$=$

⑦ $\dfrac{5}{7} \div \dfrac{20}{21} =$

　　　　$=$

⑧ $\dfrac{5}{16} \div \dfrac{5}{8} =$

　　　　$=$

⑨ $\dfrac{3}{10} \div \dfrac{3}{4} =$

　　　　$=$

⑩ $\dfrac{2}{11} \div \dfrac{4}{11} =$

　　　　$=$

# 分数のわり算⑱

サッと、計算できたかな。

① $\dfrac{6}{7} \div \dfrac{20}{21} =$

⑥ $\dfrac{4}{9} \div \dfrac{8}{15} =$

② $\dfrac{2}{9} \div \dfrac{4}{15} =$

⑦ $\dfrac{5}{8} \div \dfrac{15}{22} =$

③ $\dfrac{3}{8} \div \dfrac{9}{14} =$

⑧ $\dfrac{7}{10} \div \dfrac{14}{15} =$

④ $\dfrac{3}{10} \div \dfrac{9}{10} =$

⑨ $\dfrac{3}{11} \div \dfrac{9}{22} =$

⑤ $\dfrac{3}{11} \div \dfrac{6}{11} =$

⑩ $\dfrac{3}{7} \div \dfrac{15}{28} =$

# 分数のわり算⑲

月　　日

点/10点

> ここからは、いろいろなわり算が
> 混ざっています。

① $\dfrac{1}{2} \div \dfrac{4}{7} =$

=

⑥ $\dfrac{1}{3} \div \dfrac{4}{5} =$

=

② $\dfrac{2}{5} \div \dfrac{12}{25} =$

=

⑦ $\dfrac{3}{4} \div \dfrac{21}{22} =$

=

③ $\dfrac{2}{3} \div \dfrac{8}{11} =$

=

⑧ $\dfrac{3}{5} \div \dfrac{21}{25} =$

=

④ $\dfrac{5}{6} \div \dfrac{25}{27} =$

=

⑨ $\dfrac{2}{5} \div \dfrac{4}{9} =$

=

⑤ $\dfrac{1}{2} \div \dfrac{9}{16} =$

=

⑩ $\dfrac{1}{3} \div \dfrac{5}{6} =$

=

**おうちの方へ**　このページから分数のわり算のまとめです。約分あるなし、約分の
方向などいろいろな問題を出題しています。

# 分数のわり算⑳

月　日

点/10点

約分があるものない
ものもあるよ。

① $\dfrac{1}{5} \div \dfrac{9}{10} =$

② $\dfrac{1}{4} \div \dfrac{4}{5} =$

③ $\dfrac{3}{5} \div \dfrac{9}{13} =$

④ $\dfrac{3}{7} \div \dfrac{27}{28} =$

⑤ $\dfrac{2}{3} \div \dfrac{16}{21} =$

⑥ $\dfrac{2}{5} \div \dfrac{5}{7} =$

⑦ $\dfrac{1}{4} \div \dfrac{5}{6} =$

⑧ $\dfrac{3}{8} \div \dfrac{9}{16} =$

⑨ $\dfrac{2}{7} \div \dfrac{6}{7} =$

⑩ $\dfrac{3}{8} \div \dfrac{6}{7} =$

# 分数のわり算㉑

約分できるか考えてしましょう。

①　$\dfrac{1}{7} \div \dfrac{2}{3} =$

　　　$=$

②　$\dfrac{1}{6} \div \dfrac{5}{8} =$

　　　$=$

③　$\dfrac{2}{7} \div \dfrac{8}{21} =$

　　　$=$

④　$\dfrac{4}{9} \div \dfrac{4}{7} =$

　　　$=$

⑤　$\dfrac{2}{9} \div \dfrac{8}{15} =$

　　　$=$

⑥　$\dfrac{2}{5} \div \dfrac{7}{15} =$

　　　$=$

⑦　$\dfrac{3}{8} \div \dfrac{2}{3} =$

　　　$=$

⑧　$\dfrac{5}{8} \div \dfrac{25}{32} =$

　　　$=$

⑨　$\dfrac{3}{10} \div \dfrac{9}{14} =$

　　　$=$

⑩　$\dfrac{3}{8} \div \dfrac{6}{13} =$

　　　$=$

# 分数のわり算㉒

仮分数の答えは
帯分数にしよう。

① $\dfrac{2}{9} \div \dfrac{3}{2} =$

　　　　$=$

② $\dfrac{2}{7} \div \dfrac{9}{7} =$

　　　　$=$

③ $\dfrac{11}{9} \div \dfrac{8}{9} =$

　　　　$=$

④ $\dfrac{7}{6} \div \dfrac{11}{12} =$

　　　　$=$

⑤ $\dfrac{9}{10} \div \dfrac{6}{5} =$

　　　　$=$

⑥ $1\dfrac{2}{5} \div \dfrac{9}{10} =$

　　　　$=$

⑦ $\dfrac{5}{12} \div 1\dfrac{3}{7} =$

⑧ $2\dfrac{3}{4} \div \dfrac{7}{8} =$

　　　　$=$

⑨ $\dfrac{5}{6} \div 1\dfrac{2}{3} =$

　　　　$=$

⑩ $3\dfrac{1}{4} \div 1\dfrac{3}{10} =$

　　　　$=$

分数のかけ算とわり算が混ざっているよ。
注意してね。

① $\dfrac{1}{2} \times \dfrac{5}{8} =$

② $\dfrac{3}{4} \times \dfrac{1}{3} =$

③ $\dfrac{1}{3} \times \dfrac{3}{10} =$

④ $\dfrac{2}{3} \times \dfrac{3}{14} =$

⑤ $\dfrac{3}{4} \times \dfrac{14}{15} =$

⑥ $\dfrac{1}{2} \div \dfrac{10}{11} =$

⑦ $\dfrac{1}{3} \div \dfrac{5}{9} =$

⑧ $\dfrac{2}{3} \div \dfrac{10}{11} =$

⑨ $\dfrac{3}{4} \div \dfrac{27}{28} =$

⑩ $\dfrac{2}{5} \div \dfrac{14}{25} =$

**おうちの方へ**　ここから分数のかけ算とわり算が混ざっています。×や÷の記号を見落とさないように注意させましょう。

月　　　日

点/10点

×や÷の記号に注意してね。

① $\dfrac{1}{3} \div \dfrac{5}{7} =$

$=$

② $\dfrac{1}{3} \times \dfrac{1}{3} =$

$=$

③ $\dfrac{3}{4} \div \dfrac{11}{12} =$

$=$

④ $\dfrac{3}{4} \times \dfrac{4}{11} =$

$=$

⑤ $\dfrac{2}{3} \div \dfrac{20}{21} =$

$=$

⑥ $\dfrac{2}{5} \times \dfrac{5}{16} =$

$=$

⑦ $\dfrac{2}{5} \div \dfrac{8}{11} =$

$=$

⑧ $\dfrac{2}{5} \times \dfrac{3}{4} =$

$=$

⑨ $\dfrac{2}{7} \div \dfrac{10}{21} =$

$=$

⑩ $\dfrac{4}{7} \times \dfrac{5}{6} =$

$=$

正しくできるようになったかな。

① $\dfrac{2}{3} \times \dfrac{2}{5} =$

② $\dfrac{4}{7} \times \dfrac{7}{10} =$

③ $\dfrac{2}{5} \div \dfrac{5}{7} =$

④ $\dfrac{2}{5} \times \dfrac{5}{7} =$

⑤ $\dfrac{2}{5} \div \dfrac{9}{20} =$

⑥ $\dfrac{3}{8} \div \dfrac{6}{11} =$

⑦ $\dfrac{3}{5} \div \dfrac{24}{35} =$

⑧ $\dfrac{4}{7} \times \dfrac{5}{8} =$

⑨ $\dfrac{7}{8} \times \dfrac{4}{35} =$

⑩ $\dfrac{2}{7} \div \dfrac{8}{21} =$

# 分数のかけ算・わり算④

月　　日

点／10点

満点がとれましたか。

① $\dfrac{2}{7} \div \dfrac{1}{2} =$

⑥ $\dfrac{2}{9} \div \dfrac{2}{7} =$

② $\dfrac{1}{6} \div \dfrac{5}{6} =$

⑦ $\dfrac{4}{9} \times \dfrac{1}{2} =$

③ $\dfrac{3}{8} \div \dfrac{9}{20} =$

⑧ $\dfrac{5}{6} \times \dfrac{6}{11} =$

④ $\dfrac{3}{4} \times \dfrac{1}{2} =$

⑨ $\dfrac{2}{9} \times \dfrac{3}{8} =$

⑤ $\dfrac{3}{10} \times \dfrac{2}{3} =$

⑩ $\dfrac{4}{9} \div \dfrac{2}{3} =$

きみは、分数のかけ算、わり算の達人だ。

① $\dfrac{3}{5} \times \dfrac{1}{4} =$

=

② $\dfrac{3}{7} \div \dfrac{4}{7} =$

=

③ $\dfrac{3}{11} \times \dfrac{2}{3} =$

=

④ $\dfrac{3}{7} \div \dfrac{4}{5} =$

=

⑤ $\dfrac{8}{9} \times \dfrac{3}{8} =$

=

⑥ $\dfrac{8}{9} \div \dfrac{16}{17} =$

=

⑦ $\dfrac{7}{8} \times \dfrac{2}{3} =$

=

⑧ $\dfrac{7}{10} \times \dfrac{2}{7} =$

=

⑨ $\dfrac{3}{10} \div \dfrac{9}{16} =$

=

⑩ $\dfrac{2}{11} \div \dfrac{6}{11} =$

=

① $x + 3 = 5$

$x =$

② $x + 8 = 12$

$x =$

③ $x + 23 = 41$

$x =$

④ $12 + x = 32$

$x =$

⑤ $19 + x = 38$

$x =$

⑥ $x - 3 = 5$

$x =$

⑦ $x - 6 = 14$

$x =$

⑧ $x - 9 = 12$

$x =$

⑨ $25 - x = 16$

$x =$

⑩ $56 - x = 41$

$x =$

①　$x \times 3 = 15$

$x =$

②　$x \times 8 = 64$

$x =$

③　$x \times 12 = 72$

$x =$

④　$15 \times x = 60$

$x =$

⑤　$10 \times x = 40$

$x =$

⑥　$x \div 3 = 15$

$x =$

⑦　$x \div 6 = 3$

$x =$

⑧　$x \div 10 = 10$

$x =$

⑨　$50 \div x = 25$

$x =$

⑩　$60 \div x = 4$

$x =$

分数のわり算は、逆数のかけ算にします。

① $\dfrac{1}{3} \times \dfrac{1}{2} \div \dfrac{5}{6} = \dfrac{1}{3} \times \dfrac{1}{2} \times \dfrac{6}{5}$

$= \dfrac{1 \times 1 \times \overset{2}{\cancel{6}}}{\cancel{3} \times \cancel{2} \times 5}$

$= \dfrac{1}{5}$

② $\dfrac{5}{8} \div \dfrac{3}{4} \div \dfrac{5}{9} =$

③ $\dfrac{7}{4} \div 7 \times \dfrac{6}{5} =$

**おうちの方へ**　かけ算とわり算、分数、整数が混ざった計算は、全部分数のかけ算にしてから計算します。

全部かけ算に直します。

① $\dfrac{3}{5} \times \dfrac{5}{12} \times 2 =$

② $\dfrac{2}{7} \div \dfrac{4}{5} \times \dfrac{28}{5} =$

③ $\dfrac{7}{8} \div 3 \div \dfrac{3}{2} =$

正しくできましたか。

① $\dfrac{1}{2} \div \dfrac{3}{4} \div \dfrac{10}{9} =$

② $\dfrac{3}{8} \times \dfrac{2}{5} \times \dfrac{10}{9} =$

③ $\dfrac{10}{21} \times \dfrac{4}{5} \div \dfrac{6}{7} =$

もうなれましたか。

① $\dfrac{3}{5} \times \dfrac{8}{9} \times \dfrac{15}{16} =$

② $\dfrac{4}{7} \div \dfrac{6}{7} \div \dfrac{14}{15} =$

③ $\dfrac{2}{9} \times \dfrac{3}{7} \times \dfrac{21}{16} =$

$$0.7 = \frac{7}{10}$$

$$\div \frac{7}{10} \Rightarrow \times \frac{10}{7}$$

逆数をかける

小数はまず分数
にします。

① $$\frac{1}{3} \div 0.7 \times \frac{8}{5} = \frac{1}{3} \div \frac{7}{10} \times \frac{8}{5}$$

$$= \frac{1 \times \overset{2}{10} \times 8}{3 \times 7 \times \underset{1}{5}}$$

$$= \frac{16}{21}$$

② $$\frac{2}{5} \times \frac{3}{7} \div 0.6 =$$

③ $$\frac{3}{5} \times \frac{5}{6} \div 0.4 =$$

**おうちの方へ** 小数や整数も分数のかけ算に直してから計算します。

**58** 分数・小数のかけ算・わり算②

$\div 0.5$は、$\div \dfrac{5}{10}$ → $\times \dfrac{10}{5}$

① $\dfrac{3}{7} \times \dfrac{7}{9} \div 0.5 =$

② $\dfrac{9}{10} \div 3 \div \dfrac{3}{4} =$

③ $\dfrac{9}{8} \div \dfrac{3}{5} \div 5 =$

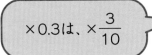

$\times 0.3$は、$\times \dfrac{3}{10}$

① $\dfrac{2}{3} \div \dfrac{4}{5} \times 0.3 =$

② $0.1 \div \dfrac{3}{5} \div \dfrac{7}{6} =$

③ $\dfrac{7}{8} \times 4 \times \dfrac{4}{11} =$

$\div 0.8$は、$\div \dfrac{8}{10}$ → $\times \dfrac{10}{8}$

① $\dfrac{2}{5} \div 0.8 \times \dfrac{8}{15} =$

② $\dfrac{3}{5} \times \dfrac{3}{4} \div 0.9 =$

③ $1.2 \div \dfrac{7}{3} \div \dfrac{6}{7} =$

$0.7 \rightarrow \dfrac{7}{10}$

① $0.7 \times \dfrac{2}{3} \times \dfrac{6}{7} =$

② $\dfrac{3}{8} \div 1.5 \div \dfrac{3}{4} =$

③ $\dfrac{6}{7} \times \dfrac{7}{8} \div 0.6 =$

月　　日

点/3点

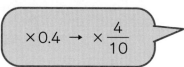

$\times 0.4 \rightarrow \times \dfrac{4}{10}$

① $\dfrac{1}{6} \div \dfrac{2}{3} \times 0.4 =$

② $\dfrac{5}{6} \div 1.6 \times \dfrac{8}{15} =$

③ $0.3 \div \dfrac{3}{4} \div \dfrac{4}{5} =$

# 時間と分数①

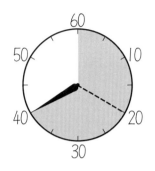

1時間は60分

$40分 = \dfrac{40}{60}$ 時間

約分します。　$\dfrac{40^{\times 2}}{60_{\div 3}} = \dfrac{2}{3}$

$40分 = \dfrac{2}{3}$ 時間

何時間ですか。分数で表しましょう。

① $30分 = \dfrac{\phantom{00}}{60}$ 時間

$\qquad = \phantom{000}$ 時間

④ $10分 = \phantom{000}$ 時間

② $5分 = \dfrac{\phantom{00}}{60}$ 時間

$\qquad = \phantom{000}$ 時間

⑤ $20分 = \phantom{000}$ 時間

③ $15分 = \phantom{000}$ 時間

⑥ $45分 = \phantom{000}$ 時間

# 時間と分数②

月　日

点/6点

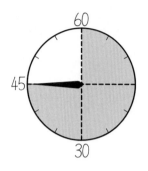

$\frac{3}{4}$時間は、何分でしょう。

1時間＝60分（分間）

$60 \times \frac{3}{4} = \frac{\overset{15}{\cancel{60}} \times 3}{\cancel{4}}$

$= 45$（分）

次の時間を分で表しましょう。

① $\frac{1}{3}$時間

_____分

④ $\frac{2}{5}$時間

_____分

② $\frac{1}{2}$時間

_____分

⑤ $\frac{1}{10}$時間

_____分

③ $\frac{1}{6}$時間

_____分

⑥ $\frac{5}{12}$時間

_____分

# 円の面積①

> ## 円の面積＝半径×半径×円周率
> ### (3.14)

円の面積を求めましょう。

① 半径10cmの円

式

答え _____

② 半径20cmの円

式

答え _____

③ 半径5cmの円

式

答え _____

④ 半径4cmの円

式

答え _____

 おうちの方へ　円の面積を求める公式をしっかり覚えて、半径の数をきちんと入れて計算します。

# 円の面積②

月　　　日

点/4点

## 円の面積＝半径×半径×円周率

円の面積を求めましょう。

① 直径20cmの円

式

答え _____

② 直径10cmの円

式

答え _____

③ 直径12cmの円

式

答え _____

④ 直径40cmの円

式

答え _____

# 等しい比①

> 比の前の数と後ろの数に同じ数をかけて、
> 等しい比を作ります。

等しい比を作りましょう。

① $\overset{\times 2}{\underset{\times 2}{1 : 2 = 2 :}}$

⑥　$3 : 10 = 9 :$

②　$4 : 3 = 12 :$

⑦　$2 : 3 = 4 :$

③　$3 : 7 = 9 :$

⑧　$2 : 5 = 4 :$

④　$5 : 9 = 25 :$

⑨　$0.2 : 0.5 = 2 :$

⑤　$6 : 7 = 36 :$

⑩　$0.3 : 0.7 = 3 :$

**おうちの方へ**　比の問題は、倍数・約数の考え方とよくにています。

# 等しい比②

等しい比を作りましょう。

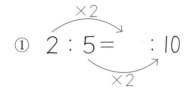

① $2 : 5 = \quad : 10$

② $5 : 8 = \quad : 64$

③ $3 : 8 = \quad : 48$

④ $9 : 7 = \quad : 49$

⑤ $5 : 9 = \quad : 45$

⑥ $2 : 7 = \quad : 56$

⑦ $4 : 5 = \quad : 25$

⑧ $6 : 7 = \quad : 56$

⑨ $9 : 4 = \quad : 16$

⑩ $3 : 4 = \quad : 36$

# 等しい比 ③

> 比の前の数と後ろの数を同じ数でわっても、等しい比を
> 作ることができます。比を簡単にするといいます。

比を簡単にしましょう。

① 4 : 6 = 2 :

（÷2　÷2）

⑥ 12 : 16＝　　：

② 6 : 9＝　　：

⑦ 15 : 25＝　　：

③ 8 : 14＝　　：

⑧ 35 : 40＝　　：

④ 15 : 21＝　　：

⑨ 24 : 30＝　　：

⑤ 20 : 8＝　　：

⑩ 28 : 35＝　　：

# 等しい比④

比を簡単にしましょう。

① 10 : 5 ＝ 　：

② 18 : 24 ＝ 　：

③ 9 : 6 ＝ 　：

④ 4 : 12 ＝ 　：

⑤ 15 : 45 ＝ 　：

⑥ 16 : 24 ＝ 　：

⑦ 12 : 8 ＝ 　：

⑧ 56 : 72 ＝ 　：

⑨ 81 : 27 ＝ 　：

⑩ 49 : 14 ＝ 　：

# 計算のまとめ①

次のかけ算を筆算でしましょう。

① 2358×6249

② 7801×9065

③ 4457×5316

④ 8657×3728

次のかけ算を例のような筆算でしましょう。

① 230×80 　　　② 3500×70

③ 4700×60 　　　④ 5600×40

| 例 | | 8 | 7 | 0 | 0 | × | 6 | 0 | | | | | | | |
|---|---|---|---|---|---|---|---|---|---|---|---|---|---|---|---|
| | | | 8 | 7 | 0 | 0 | | | | | | | | | |
| | | × | | 6 | 0 | | | | | | | | | | |
| | | 5 | 2 | 2 | 0 | 0 | 0 | | | | | | | | |

# 計算のまとめ③

次のわり算を筆算でしましょう（商は整数で）。

① 66228÷863

② 74693÷971

③ 36967÷745

④ 54396÷628

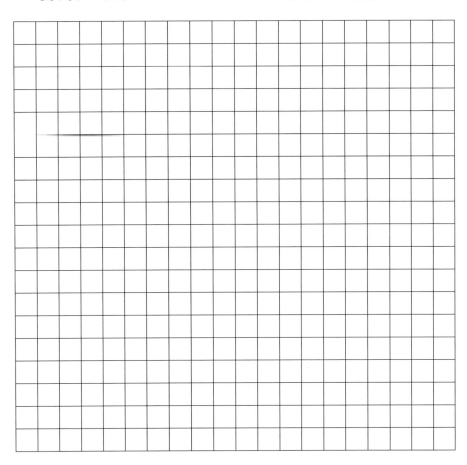

# 計算のまとめ④

月　　　日

点/6点

次の計算をしましょう。

① 
```
    0.05
  × 0.07
```

② 
```
    0.12
  × 0.08
```

③ 
```
    0.86
  × 0.36
```

④ 
```
    0.77
  × 0.25
```

⑤ 
```
    6 2.8
  × 4.8 3
```

⑥ 
```
    7 1.8
  × 5 7.5
```

## 75 計算のまとめ⑤

月　日

点/6点

次の計算をしましょう。

①
```
    0.0 9
×   0.0 6
```

②
```
    0.2 3
×   0.0 4
```

③
```
    0.6 7
×   0.4 5
```

④
```
    0.5 6
×   0.8 5
```

⑤
```
    2.3 7
×   5 7.6
```

⑥
```
    4 6.5
×   7.6 4
```

# 計算のまとめ⑥

わくの中だけで計算しましょう。

あまりがあるときは、あまりも求めましょう。

① 0.85)6.375

② 0.76)4.864

③ 2.31)3.519

④ 5.12)6.106

⑤ 3.06)6.984

# 計算のまとめ⑦

点/5点

わくの中だけで計算しましょう。

① 0.81)7.776

② 0.96)4.224

③ 3.05)3.925

④ 2.34)5.648

⑤ 1.87)4.158

# 計算のまとめ⑧

次の計算をしましょう。

① $\dfrac{1}{3}+\dfrac{2}{5}=$

⑥ $\dfrac{3}{4}+\dfrac{1}{8}=$

② $\dfrac{1}{2}-\dfrac{1}{7}=$

⑦ $\dfrac{1}{6}+\dfrac{1}{10}=$

③ $\dfrac{1}{2}-\dfrac{3}{8}=$

⑧ $\dfrac{1}{3}-\dfrac{2}{15}=$

④ $\dfrac{1}{4}+\dfrac{1}{6}=$

⑨ $\dfrac{1}{5}+\dfrac{2}{15}=$

⑤ $\dfrac{4}{9}-\dfrac{1}{6}=$

⑩ $\dfrac{7}{10}-\dfrac{1}{6}=$

# 計算のまとめ⑨

点/10点

次の計算をしましょう。

① $\dfrac{2}{3} - \dfrac{2}{9} =$

② $\dfrac{2}{3} - \dfrac{1}{4} =$

③ $\dfrac{2}{3} + \dfrac{1}{4} =$

④ $\dfrac{2}{3} + \dfrac{1}{9} =$

⑤ $\dfrac{3}{8} - \dfrac{1}{6} =$

⑥ $\dfrac{3}{4} + \dfrac{1}{6} =$

⑦ $\dfrac{2}{5} - \dfrac{1}{15} =$

⑧ $\dfrac{1}{6} + \dfrac{1}{14} =$

⑨ $\dfrac{1}{4} + \dfrac{1}{12} =$

⑩ $\dfrac{5}{6} - \dfrac{3}{10} =$

# 計算のまとめ⑩

月　日

点/10点

分数にそろえて計算しましょう。

① $0.5 + \dfrac{1}{3} =$

② $0.3 + \dfrac{1}{4} =$

③ $0.4 + \dfrac{2}{5} =$

④ $0.6 + \dfrac{1}{6} =$

⑤ $0.8 + \dfrac{1}{8} =$

⑥ $\dfrac{1}{25} + 0.9 =$

⑦ $\dfrac{4}{15} + 0.1 =$

⑧ $\dfrac{3}{20} + 0.2 =$

⑨ $\dfrac{3}{10} + 0.6 =$

⑩ $\dfrac{5}{8} + 0.5 =$

# 計算のまとめ⑪

分数にそろえて計算しましょう。

① $0.8 - \dfrac{2}{5} =$

② $0.7 - \dfrac{1}{4} =$

③ $0.9 - \dfrac{2}{3} =$

④ $0.6 - \dfrac{1}{5} =$

⑤ $1.2 - \dfrac{1}{2} =$

⑥ $\dfrac{7}{8} - 0.2 =$

⑦ $\dfrac{5}{6} - 0.6 =$

⑧ $\dfrac{3}{5} - 0.5 =$

⑨ $\dfrac{9}{10} - 0.8 =$

⑩ $\dfrac{3}{4} - 0.7 =$

# 計算のまとめ⑫

次の計算をしましょう。

① $\dfrac{8}{9} + \dfrac{1}{12} =$

② $\dfrac{3}{4} - \dfrac{1}{10} =$

③ $\dfrac{1}{3} \times \dfrac{1}{2} =$

④ $\dfrac{1}{3} \div \dfrac{5}{8} =$

⑤ $\dfrac{3}{10} + \dfrac{1}{4} =$

⑥ $\dfrac{5}{6} - \dfrac{7}{10} =$

⑦ $\dfrac{1}{2} \times \dfrac{2}{3} =$

⑧ $\dfrac{1}{2} \div \dfrac{7}{10} =$

⑨ $\dfrac{3}{8} + \dfrac{1}{10} =$

⑩ $\dfrac{8}{9} - \dfrac{1}{6} =$

# 計算のまとめ⑬

次の計算をしましょう。

① $\dfrac{1}{4} \times \dfrac{2}{5} =$

② $\dfrac{1}{3} \div \dfrac{7}{12} =$

③ $\dfrac{5}{6} - \dfrac{11}{14} =$

④ $\dfrac{3}{5} \times \dfrac{5}{8} =$

⑤ $\dfrac{5}{12} + \dfrac{1}{8} =$

⑥ $\dfrac{2}{3} \div \dfrac{2}{5} =$

⑦ $\dfrac{2}{3} \times \dfrac{9}{14} =$

⑧ $\dfrac{4}{5} \div \dfrac{22}{25} =$

⑨ $\dfrac{4}{15} + \dfrac{1}{6} =$

⑩ $\dfrac{7}{10} - \dfrac{1}{6} =$

# 計算のまとめ⑭

小数は分数に直して計算しましょう。

おめでとう。
おわりです。

① $1.2 + \dfrac{2}{5} =$

② $0.8 - \dfrac{1}{4} =$

③ $1.5 \times \dfrac{1}{2} =$

④ $0.7 \div \dfrac{3}{5} =$

⑤ $0.9 - \dfrac{2}{3} =$

⑥ $1.1 + \dfrac{5}{6} =$

⑦ $2.5 \div \dfrac{5}{7} =$

⑧ $0.5 \times \dfrac{10}{11} =$

⑨ $3.5 \div \dfrac{5}{6} =$

⑩ $1.4 + \dfrac{3}{8} =$

# 答　え

**1** ① $\dfrac{2}{3}$　⑥ $\dfrac{7}{8}$

② $\dfrac{3}{4}$　⑦ $\dfrac{4}{9}$

③ $\dfrac{4}{5}$　⑧ $\dfrac{4}{9}$

④ $\dfrac{5}{6}$　⑨ $\dfrac{7}{10}$

⑤ $\dfrac{6}{7}$　⑩ $\dfrac{10}{11}$

**2** ① $\dfrac{1}{2}$　⑥ $4$

② $\dfrac{1}{2}$　⑦ $\dfrac{3}{2}$

③ $\dfrac{4}{3}$　⑧ $\dfrac{15}{4}$

④ $\dfrac{3}{4}$　⑨ $\dfrac{7}{2}$

⑤ $\dfrac{6}{5}$　⑩ $\dfrac{5}{3}$

**3** ① $\dfrac{1}{6}$　⑥ $\dfrac{5}{42}$

② $\dfrac{3}{16}$　⑦ $\dfrac{9}{16}$

③ $\dfrac{9}{20}$　⑧ $\dfrac{3}{8}$

④ $\dfrac{2}{15}$　⑨ $\dfrac{9}{40}$

⑤ $\dfrac{4}{25}$　⑩ $\dfrac{28}{45}$

**4** ① $\dfrac{5}{24}$　⑥ $\dfrac{5}{18}$

② $\dfrac{8}{15}$　⑦ $\dfrac{8}{15}$

③ $\dfrac{8}{35}$　⑧ $\dfrac{3}{32}$

④ $\dfrac{8}{35}$　⑨ $\dfrac{4}{9}$

⑤ $\dfrac{5}{14}$　⑩ $\dfrac{9}{35}$

**5** ① $\dfrac{2}{15}$　⑥ $\dfrac{4}{27}$

② $\dfrac{5}{24}$　⑦ $\dfrac{5}{32}$

③ $\dfrac{7}{16}$　⑧ $\dfrac{8}{25}$

④ $\dfrac{5}{21}$　⑨ $\dfrac{5}{42}$

⑤ $\dfrac{6}{35}$　⑩ $\dfrac{9}{28}$

6 ① $\frac{5}{14}$　⑥ $\frac{3}{14}$

② $\frac{2}{27}$　⑦ $\frac{12}{35}$

③ $\frac{3}{32}$　⑧ $\frac{8}{27}$

④ $\frac{8}{45}$　⑨ $\frac{5}{32}$

⑤ $\frac{1}{30}$　⑩ $\frac{9}{40}$

7 ① $\frac{1}{5}$　⑥ $\frac{5}{9}$

② $\frac{1}{4}$　⑦ $\frac{3}{11}$

③ $\frac{1}{8}$　⑧ $\frac{3}{14}$

④ $\frac{4}{7}$　⑨ $\frac{2}{9}$

⑤ $\frac{1}{5}$　⑩ $\frac{1}{8}$

8 ① $\frac{6}{11}$　⑥ $\frac{9}{14}$

② $\frac{2}{9}$　⑦ $\frac{2}{9}$

③ $\frac{2}{11}$　⑧ $\frac{4}{13}$

④ $\frac{10}{21}$　⑨ $\frac{1}{12}$

⑤ $\frac{4}{15}$　⑩ $\frac{3}{20}$

9 ① $\frac{2}{11}$　⑥ $\frac{2}{9}$

② $\frac{6}{11}$　⑦ $\frac{3}{8}$

③ $\frac{20}{27}$　⑧ $\frac{4}{7}$

④ $\frac{8}{15}$　⑨ $\frac{1}{14}$

⑤ $\frac{15}{28}$　⑩ $\frac{1}{15}$

10 ① $\frac{4}{11}$　⑥ $\frac{9}{13}$

② $\frac{6}{13}$　⑦ $\frac{5}{12}$

③ $\frac{25}{33}$　⑧ $\frac{7}{18}$

④ $\frac{6}{13}$　⑨ $\frac{2}{21}$

⑤ $\frac{3}{25}$　⑩ $\frac{7}{11}$

11 ① $\frac{1}{3}$　⑥ $\frac{2}{5}$

② $\frac{1}{8}$　⑦ $\frac{1}{6}$

③ $\frac{1}{10}$　⑧ $\frac{1}{10}$

④ $\frac{1}{12}$　⑨ $\frac{1}{21}$

⑤ $\frac{2}{7}$　⑩ $\frac{9}{16}$

**12**
① $\dfrac{5}{8}$  ⑥ $\dfrac{7}{20}$
② $\dfrac{5}{9}$  ⑦ $\dfrac{13}{18}$
③ $\dfrac{7}{15}$  ⑧ $\dfrac{6}{25}$
④ $\dfrac{10}{21}$  ⑨ $\dfrac{2}{7}$
⑤ $\dfrac{1}{16}$  ⑩ $\dfrac{1}{18}$

**13**
① $\dfrac{7}{20}$  ⑥ $\dfrac{1}{16}$
② $\dfrac{4}{21}$  ⑦ $\dfrac{1}{5}$
③ $\dfrac{11}{18}$  ⑧ $\dfrac{7}{10}$
④ $\dfrac{9}{16}$  ⑨ $\dfrac{2}{27}$
⑤ $\dfrac{7}{18}$  ⑩ $\dfrac{9}{20}$

**14**
① $\dfrac{3}{25}$  ⑥ $\dfrac{3}{16}$
② $\dfrac{9}{14}$  ⑦ $\dfrac{11}{25}$
③ $\dfrac{7}{18}$  ⑧ $\dfrac{3}{16}$
④ $\dfrac{1}{27}$  ⑨ $\dfrac{1}{20}$
⑤ $\dfrac{11}{20}$  ⑩ $\dfrac{4}{27}$

**15**
① $\dfrac{1}{2}$  ⑥ $\dfrac{1}{4}$
② $\dfrac{1}{4}$  ⑦ $\dfrac{1}{6}$
③ $\dfrac{1}{6}$  ⑧ $\dfrac{1}{5}$
④ $\dfrac{1}{4}$  ⑨ $\dfrac{1}{3}$
⑤ $\dfrac{1}{12}$  ⑩ $\dfrac{1}{3}$

**16**
① $\dfrac{2}{3}$  ⑥ $\dfrac{3}{4}$
② $\dfrac{1}{6}$  ⑦ $\dfrac{1}{3}$
③ $\dfrac{1}{2}$  ⑧ $\dfrac{1}{6}$
④ $\dfrac{1}{4}$  ⑨ $\dfrac{1}{6}$
⑤ $\dfrac{1}{3}$  ⑩ $\dfrac{1}{6}$

**17**
① $\dfrac{1}{2}$  ⑥ $\dfrac{4}{15}$
② $\dfrac{9}{11}$  ⑦ $\dfrac{1}{5}$
③ $\dfrac{1}{10}$  ⑧ $\dfrac{1}{12}$
④ $\dfrac{2}{3}$  ⑨ $\dfrac{1}{5}$
⑤ $\dfrac{1}{4}$  ⑩ $\dfrac{2}{5}$

**18**
① $\dfrac{1}{2}$ ⑥ $\dfrac{1}{6}$
② $\dfrac{2}{5}$ ⑦ $\dfrac{3}{4}$
③ $\dfrac{2}{3}$ ⑧ $\dfrac{1}{15}$
④ $\dfrac{2}{21}$ ⑨ $\dfrac{3}{5}$
⑤ $\dfrac{1}{10}$ ⑩ $\dfrac{6}{11}$

**19**
① $\dfrac{3}{10}$ ⑥ $\dfrac{4}{15}$
② $\dfrac{6}{11}$ ⑦ $\dfrac{4}{9}$
③ $\dfrac{1}{3}$ ⑧ $\dfrac{1}{8}$
④ $\dfrac{3}{5}$ ⑨ $\dfrac{1}{4}$
⑤ $\dfrac{1}{4}$ ⑩ $\dfrac{4}{7}$

**20**
① $\dfrac{1}{5}$ ⑥ $\dfrac{5}{18}$
② $\dfrac{1}{7}$ ⑦ $\dfrac{1}{2}$
③ $\dfrac{2}{3}$ ⑧ $\dfrac{1}{24}$
④ $\dfrac{2}{25}$ ⑨ $\dfrac{2}{3}$
⑤ $\dfrac{2}{9}$ ⑩ $\dfrac{10}{27}$

**21**
① $\dfrac{4}{15}$ ⑥ $\dfrac{6}{35}$
② $\dfrac{1}{9}$ ⑦ $\dfrac{1}{3}$
③ $\dfrac{1}{20}$ ⑧ $\dfrac{7}{20}$
④ $\dfrac{3}{5}$ ⑨ $\dfrac{1}{7}$
⑤ $\dfrac{5}{9}$ ⑩ $\dfrac{2}{9}$

**22**
① $\dfrac{4}{5}$ ⑥ $\dfrac{4}{15}$
② $\dfrac{1}{2}$ ⑦ $\dfrac{6}{11}$
③ $\dfrac{2}{3}$ ⑧ $2\dfrac{1}{5}$
④ $1\dfrac{1}{6}$ ⑨ $1$
⑤ $1\dfrac{11}{24}$ ⑩ $4\dfrac{1}{6}$

**23**
① $\dfrac{3}{2}$ ⑥ $\dfrac{1}{5}$
② $\dfrac{8}{7}$ ⑦ $\dfrac{1}{6}$
③ $\dfrac{10}{3}$ ⑧ $4$
④ $\dfrac{1}{2}$ ⑨ $7$
⑤ $\dfrac{1}{4}$ ⑩ $9$

| 24 | ① $\dfrac{2}{15}$ | ⑥ $\dfrac{3}{35}$ | | 27 | ① $\dfrac{7}{10}$ | ⑥ $\dfrac{5}{12}$ |
|---|---|---|---|---|---|---|
| | ② $\dfrac{1}{8}$ | ⑦ $\dfrac{4}{63}$ | | | ② $\dfrac{3}{10}$ | ⑦ $\dfrac{9}{14}$ |
| | ③ $\dfrac{2}{9}$ | ⑧ $\dfrac{5}{18}$ | | | ③ $\dfrac{4}{9}$ | ⑧ $\dfrac{7}{12}$ |
| | ④ $\dfrac{5}{24}$ | ⑨ $\dfrac{7}{30}$ | | | ④ $\dfrac{6}{7}$ | ⑨ $\dfrac{14}{15}$ |
| | ⑤ $\dfrac{1}{8}$ | ⑩ $\dfrac{5}{22}$ | | | ⑤ $\dfrac{8}{15}$ | ⑩ $\dfrac{9}{14}$ |

| 25 | ① $\dfrac{2}{5}$ | ⑥ $\dfrac{1}{22}$ | | 28 | ① $\dfrac{3}{16}$ | ⑥ $\dfrac{5}{12}$ |
|---|---|---|---|---|---|---|
| | ② $\dfrac{1}{6}$ | ⑦ $\dfrac{3}{13}$ | | | ② $\dfrac{16}{21}$ | ⑦ $\dfrac{7}{12}$ |
| | ③ $\dfrac{2}{7}$ | ⑧ $\dfrac{1}{18}$ | | | ③ $\dfrac{11}{14}$ | ⑧ $\dfrac{3}{7}$ |
| | ④ $\dfrac{1}{18}$ | ⑨ $\dfrac{1}{21}$ | | | ④ $\dfrac{3}{5}$ | ⑨ $\dfrac{5}{8}$ |
| | ⑤ $\dfrac{1}{30}$ | ⑩ $\dfrac{4}{27}$ | | | ⑤ $\dfrac{6}{35}$ | ⑩ $\dfrac{14}{15}$ |

| 26 | ① $\dfrac{3}{4}$ | ⑥ $\dfrac{35}{36}$ | | 29 | ① $\dfrac{15}{16}$ | ⑥ $\dfrac{20}{21}$ |
|---|---|---|---|---|---|---|
| | ② $\dfrac{2}{3}$ | ⑦ $\dfrac{8}{9}$ | | | ② $\dfrac{4}{9}$ | ⑦ $\dfrac{3}{22}$ |
| | ③ $\dfrac{3}{8}$ | ⑧ $\dfrac{12}{25}$ | | | ③ $\dfrac{21}{25}$ | ⑧ $\dfrac{10}{27}$ |
| | ④ $\dfrac{2}{5}$ | ⑨ $\dfrac{15}{16}$ | | | ④ $\dfrac{3}{10}$ | ⑨ $\dfrac{7}{10}$ |
| | ⑤ $\dfrac{5}{6}$ | ⑩ $\dfrac{2}{7}$ | | | ⑤ $\dfrac{15}{16}$ | ⑩ $\dfrac{5}{18}$ |

| 30 | ① $\dfrac{2}{3}$ | ⑥ $\dfrac{1}{4}$ |
|---|---|---|
| | ② $\dfrac{9}{10}$ | ⑦ $\dfrac{6}{7}$ |
| | ③ $\dfrac{1}{2}$ | ⑧ $\dfrac{1}{2}$ |
| | ④ $\dfrac{15}{16}$ | ⑨ $\dfrac{4}{9}$ |
| | ⑤ $\dfrac{1}{3}$ | ⑩ $\dfrac{1}{2}$ |

| 31 | ① $\dfrac{1}{2}$ | ⑥ $\dfrac{7}{9}$ |
|---|---|---|
| | ② $\dfrac{3}{7}$ | ⑦ $\dfrac{1}{4}$ |
| | ③ $\dfrac{2}{3}$ | ⑧ $\dfrac{4}{5}$ |
| | ④ $\dfrac{1}{3}$ | ⑨ $\dfrac{1}{6}$ |
| | ⑤ $\dfrac{3}{5}$ | ⑩ $\dfrac{3}{4}$ |

| 32 | ① $\dfrac{8}{11}$ | ⑥ $\dfrac{6}{7}$ |
|---|---|---|
| | ② $\dfrac{2}{7}$ | ⑦ $\dfrac{2}{3}$ |
| | ③ $\dfrac{4}{9}$ | ⑧ $\dfrac{3}{4}$ |
| | ④ $\dfrac{1}{2}$ | ⑨ $\dfrac{4}{5}$ |
| | ⑤ $\dfrac{1}{3}$ | ⑩ $\dfrac{5}{6}$ |

| 33 | ① $\dfrac{9}{20}$ | ⑥ $\dfrac{5}{6}$ |
|---|---|---|
| | ② $\dfrac{1}{5}$ | ⑦ $\dfrac{4}{15}$ |
| | ③ $\dfrac{12}{13}$ | ⑧ $\dfrac{14}{15}$ |
| | ④ $\dfrac{5}{6}$ | ⑨ $\dfrac{2}{5}$ |
| | ⑤ $\dfrac{35}{36}$ | ⑩ $\dfrac{10}{11}$ |

| 34 | ① $\dfrac{5}{6}$ | ⑥ $\dfrac{3}{5}$ |
|---|---|---|
| | ② $\dfrac{7}{10}$ | ⑦ $\dfrac{5}{8}$ |
| | ③ $\dfrac{7}{8}$ | ⑧ $\dfrac{5}{7}$ |
| | ④ $\dfrac{11}{12}$ | ⑨ $\dfrac{11}{16}$ |
| | ⑤ $\dfrac{10}{21}$ | ⑩ $\dfrac{5}{18}$ |

| 35 | ① $\dfrac{9}{10}$ | ⑥ $\dfrac{11}{12}$ |
|---|---|---|
| | ② $\dfrac{7}{9}$ | ⑦ $\dfrac{9}{14}$ |
| | ③ $\dfrac{17}{18}$ | ⑧ $\dfrac{11}{15}$ |
| | ④ $\dfrac{5}{14}$ | ⑨ $\dfrac{15}{16}$ |
| | ⑤ $\dfrac{7}{8}$ | ⑩ $\dfrac{7}{18}$ |

36　① $\dfrac{13}{16}$　⑥ $\dfrac{9}{14}$

② $\dfrac{7}{10}$　⑦ $\dfrac{13}{20}$

③ $\dfrac{13}{15}$　⑧ $\dfrac{13}{14}$

④ $\dfrac{23}{24}$　⑨ $\dfrac{5}{9}$

⑤ $\dfrac{13}{16}$　⑩ $\dfrac{7}{10}$

37　① $\dfrac{9}{10}$　⑥ $\dfrac{17}{24}$

② $\dfrac{7}{8}$　⑦ $\dfrac{6}{7}$

③ $\dfrac{7}{9}$　⑧ $\dfrac{9}{10}$

④ $\dfrac{11}{14}$　⑨ $\dfrac{17}{18}$

⑤ $\dfrac{19}{20}$　⑩ $\dfrac{5}{22}$

38　① $\dfrac{3}{4}$　⑥ $\dfrac{1}{2}$

② $\dfrac{5}{6}$　⑦ $\dfrac{2}{3}$

③ $\dfrac{1}{2}$　⑧ $\dfrac{1}{3}$

④ $\dfrac{1}{2}$　⑨ $\dfrac{3}{4}$

⑤ $\dfrac{8}{9}$　⑩ $\dfrac{1}{2}$

39　① $\dfrac{3}{4}$　⑥ $\dfrac{4}{5}$

② $\dfrac{5}{7}$　⑦ $\dfrac{2}{3}$

③ $\dfrac{7}{8}$　⑧ $\dfrac{5}{6}$

④ $\dfrac{1}{2}$　⑨ $\dfrac{5}{12}$

⑤ $\dfrac{11}{12}$　⑩ $\dfrac{2}{3}$

40　① $\dfrac{8}{9}$　⑥ $\dfrac{3}{7}$

② $\dfrac{6}{7}$　⑦ $\dfrac{3}{4}$

③ $\dfrac{2}{3}$　⑧ $\dfrac{1}{2}$

④ $\dfrac{5}{6}$　⑨ $\dfrac{2}{5}$

⑤ $\dfrac{4}{5}$　⑩ $\dfrac{1}{2}$

41　① $\dfrac{9}{10}$　⑥ $\dfrac{5}{6}$

② $\dfrac{5}{6}$　⑦ $\dfrac{11}{12}$

③ $\dfrac{7}{12}$　⑧ $\dfrac{3}{4}$

④ $\dfrac{1}{3}$　⑨ $\dfrac{2}{3}$

⑤ $\dfrac{1}{2}$　⑩ $\dfrac{4}{5}$

答　え

| 42 | ① $\dfrac{7}{8}$ | ⑥ $\dfrac{5}{12}$ |
|---|---|---|
| | ② $\dfrac{5}{6}$ | ⑦ $\dfrac{11}{14}$ |
| | ③ $\dfrac{11}{12}$ | ⑧ $\dfrac{5}{7}$ |
| | ④ $\dfrac{9}{10}$ | ⑨ $\dfrac{9}{10}$ |
| | ⑤ $\dfrac{8}{9}$ | ⑩ $\dfrac{2}{5}$ |

| 43 | ① $\dfrac{2}{9}$ | ⑥ $\dfrac{14}{25}$ |
|---|---|---|
| | ② $\dfrac{5}{16}$ | ⑦ $\dfrac{3}{10}$ |
| | ③ $\dfrac{13}{15}$ | ⑧ $\dfrac{2}{3}$ |
| | ④ $\dfrac{4}{9}$ | ⑨ $\dfrac{1}{3}$ |
| | ⑤ $\dfrac{7}{8}$ | ⑩ $\dfrac{7}{16}$ |

| 44 | ① $\dfrac{3}{14}$ | ⑥ $\dfrac{6}{7}$ |
|---|---|---|
| | ② $\dfrac{4}{15}$ | ⑦ $\dfrac{9}{16}$ |
| | ③ $\dfrac{3}{4}$ | ⑧ $\dfrac{4}{5}$ |
| | ④ $\dfrac{7}{9}$ | ⑨ $\dfrac{7}{15}$ |
| | ⑤ $\dfrac{5}{12}$ | ⑩ $\dfrac{13}{16}$ |

| 45 | ① $\dfrac{4}{27}$ | ⑥ $1\dfrac{5}{9}$ |
|---|---|---|
| | ② $\dfrac{2}{9}$ | ⑦ $\dfrac{7}{24}$ |
| | ③ $1\dfrac{3}{8}$ | ⑧ $3\dfrac{1}{7}$ |
| | ④ $1\dfrac{3}{11}$ | ⑨ $\dfrac{1}{2}$ |
| | ⑤ $\dfrac{3}{4}$ | ⑩ $2\dfrac{1}{2}$ |

| 46 | ① $\dfrac{5}{16}$ | ⑥ $\dfrac{11}{20}$ |
|---|---|---|
| | ② $\dfrac{1}{4}$ | ⑦ $\dfrac{3}{5}$ |
| | ③ $\dfrac{1}{10}$ | ⑧ $\dfrac{11}{15}$ |
| | ④ $\dfrac{1}{7}$ | ⑨ $\dfrac{7}{9}$ |
| | ⑤ $\dfrac{7}{10}$ | ⑩ $\dfrac{5}{7}$ |

| 47 | ① $\dfrac{7}{15}$ | ⑥ $\dfrac{1}{8}$ |
|---|---|---|
| | ② $\dfrac{1}{9}$ | ⑦ $\dfrac{11}{20}$ |
| | ③ $\dfrac{9}{11}$ | ⑧ $\dfrac{3}{10}$ |
| | ④ $\dfrac{3}{11}$ | ⑨ $\dfrac{3}{5}$ |
| | ⑤ $\dfrac{7}{10}$ | ⑩ $\dfrac{10}{21}$ |

**48**
① $\dfrac{4}{15}$  ⑥ $\dfrac{11}{16}$

② $\dfrac{2}{5}$  ⑦ $\dfrac{7}{8}$

③ $\dfrac{14}{25}$  ⑧ $\dfrac{5}{14}$

④ $\dfrac{2}{7}$  ⑨ $\dfrac{1}{10}$

⑤ $\dfrac{8}{9}$  ⑩ $\dfrac{3}{4}$

**49**
① $\dfrac{4}{7}$  ⑥ $\dfrac{7}{9}$

② $\dfrac{1}{5}$  ⑦ $\dfrac{2}{9}$

③ $\dfrac{5}{6}$  ⑧ $\dfrac{5}{11}$

④ $\dfrac{3}{8}$  ⑨ $\dfrac{1}{12}$

⑤ $\dfrac{1}{5}$  ⑩ $\dfrac{2}{3}$

**50**
① $\dfrac{3}{20}$  ⑥ $\dfrac{17}{18}$

② $\dfrac{3}{4}$  ⑦ $\dfrac{7}{12}$

③ $\dfrac{2}{11}$  ⑧ $\dfrac{1}{5}$

④ $\dfrac{15}{28}$  ⑨ $\dfrac{8}{15}$

⑤ $\dfrac{1}{3}$  ⑩ $\dfrac{1}{3}$

**51**
① $x = 2$  ⑥ $x = 8$
② $x = 4$  ⑦ $x = 20$
③ $x = 18$  ⑧ $x = 21$
④ $x = 20$  ⑨ $x = 9$
⑤ $x = 19$  ⑩ $x = 15$

**52**
① $x = 5$  ⑥ $x = 45$
② $x = 8$  ⑦ $x = 18$
③ $x = 6$  ⑧ $x = 100$
④ $x = 4$  ⑨ $x = 2$
⑤ $x = 4$  ⑩ $x = 15$

**53**
① $\dfrac{1}{5}$  ② $\dfrac{3}{2}$

③ $\dfrac{3}{10}$

**54**
① $\dfrac{1}{2}$  ② $2$

③ $\dfrac{7}{36}$

**55**
① $\dfrac{3}{5}$  ② $\dfrac{1}{6}$

③ $\dfrac{4}{9}$

**56**
① $\dfrac{1}{2}$  ② $\dfrac{5}{7}$

③ $\dfrac{1}{8}$

答　え

| 69 | ① | 2 : 3 | ⑥ | 3 : 4 |
|----|----|-------|----|-------|
| | ② | 2 : 3 | ⑦ | 3 : 5 |
| | ③ | 4 : 7 | ⑧ | 7 : 8 |
| | ④ | 5 : 7 | ⑨ | 4 : 5 |
| | ⑤ | 5 : 2 | ⑩ | 4 : 5 |

| 70 | ① | 2 : 1 | ⑥ | 2 : 3 |
|----|----|-------|----|-------|
| | ② | 3 : 4 | ⑦ | 3 : 2 |
| | ③ | 3 : 2 | ⑧ | 7 : 9 |
| | ④ | 1 : 3 | ⑨ | 3 : 1 |
| | ⑤ | 1 : 3 | ⑩ | 7 : 2 |

| 71 | ① | 14735142 | ② | 70716065 |
|----|----|----------|----|----------|
| | ③ | 23693412 | ④ | 32273296 |

| 72 | ① | 18400 | ② | 245000 |
|----|----|-------|----|--------|
| | ③ | 282000 | ④ | 224000 |

73　…はあまりを表す。

| | ① | 76…640 | ② | 76…897 |
|----|----|--------|----|--------|
| | ③ | 49…462 | ④ | 86…388 |

| 74 | ① | 0.0035 | ② | 0.0096 |
|----|----|--------|----|--------|
| | ③ | 0.3096 | ④ | 0.1925 |
| | ⑤ | 303.324 | ⑥ | 412.85 |

| 75 | ① | 0.0054 | ② | 0.0092 |
|----|----|--------|----|--------|
| | ③ | 0.3015 | ④ | 0.476 |
| | ⑤ | 136.512 | ⑥ | 355.26 |

| 76 | ① | 7.5 | ② | 6.4 |
|----|----|-----|----|-----|
| | ③ | 1.5…0.054 | ④ | 1.1…0.474 |
| | ⑤ | 2.2…0.252 | | |

| 77 | ① | 9.6 | ② | 4.4 |
|----|----|-----|----|-----|
| | ③ | 1.2…0.265 | ④ | 2.4…0.032 |
| | ⑤ | 2.2…0.044 | | |

| 78 | ① | $\dfrac{11}{15}$ | ⑥ | $\dfrac{7}{8}$ |
|----|----|------------------|----|----------------|
| | ② | $\dfrac{5}{14}$ | ⑦ | $\dfrac{4}{15}$ |
| | ③ | $\dfrac{1}{8}$ | ⑧ | $\dfrac{1}{5}$ |
| | ④ | $\dfrac{5}{12}$ | ⑨ | $\dfrac{1}{3}$ |
| | ⑤ | $\dfrac{5}{18}$ | ⑩ | $\dfrac{8}{15}$ |

| 79 | ① | $\dfrac{4}{9}$ | ⑥ | $\dfrac{11}{12}$ |
|----|----|----------------|----|------------------|
| | ② | $\dfrac{5}{12}$ | ⑦ | $\dfrac{1}{3}$ |
| | ③ | $\dfrac{11}{12}$ | ⑧ | $\dfrac{5}{21}$ |
| | ④ | $\dfrac{7}{9}$ | ⑨ | $\dfrac{1}{3}$ |
| | ⑤ | $\dfrac{5}{24}$ | ⑩ | $\dfrac{8}{15}$ |

答　え